End of Product Life deutscher Fahrzeuge

Ökologischer Vergleich von Recycling und Wiederverwendung

Christian Schmitz

Bibliografische Information der Deutschen Nationalbibliothek:

Die Deutsche Nationalbibliothek verzeichnet diese Publikation in der Deutschen Nationalbibliografie; detaillierte bibliografische Daten sind im Internet über http://dnb.d-nb.de abrufbar.

ISBN: 9783961169597
Dieses Buch ist auch als E-Book erhältlich.

Inhaltsverzeichnis

Abbildungsverzeichnis

Tabellenverzeichnis

ABKÜRZUNGSVERZEICHNIS

ASR	Automotive Shredder Residue
CO2e	Kohlenstoff-Äquivalent / Treibhausgas(e)
ELV	End-of-life vehicle (Altfahrzeug)
Gew.-%	Gewichtsprozent
GHG	Green house gas
GWP	Global warming potential (Treibhauspotential)
HDI	Human Development Index
IMO	International Maritime Organization
Jg.	Jahrgang
KBA	Kraftfahrtbundesamt
KV	Kraftstoffverbrauch
NL	Nutzlast
PST	Post shredder treatments
TEU	Twenty foot equivalent units
UBA	Umweltbundesamt

SYMBOLVERZEICHNIS

ε_{CO2e}	Emissionsfaktor Treibhausgase
ε_x	Emissionsfaktor des Gebrauchtwagens mit Jahrgang x
KV_{AdBlue}	Kraftstoffverbrauch an AdBlue
KV_{leer}	Kraftstoffverbrauch unbeladen
$KV_{NutzLast-ist}$	Kraftstoffverbrauch bei vorliegender Nutzlast
KV_{voll}	Kraftstoffverbrauch bei maximaler Nutzlast
$l_{Distanz}$	Zurückzulegende Strecke
m_{CO2e}	Masse an Treibhausgasen (anteilig)
$m_{CO2e_{AdBlue}}$	Masse an Treibhausgasen durch AdBlue-Nutzung
$m_{CO2e_{ges}}$	Gesamtmasse an Treibhausgasen
$m_{Transport}$	Gesamtmasse der transportierten Güter
NL_{ist}	Vorliegende Nutzlast
NL_{max}	Maximale Nutzlast
x_s	Sensitivitätsfaktor

KURZFASSUNG

Diese Bachelorarbeit beschäftigt sich mit verschiedensten Konzepten im Bereich Wiederverwendung und Recycling deutscher Fahrzeuge und prüft diese über Vergleiche auf ihre Nachhaltigkeit sowie ihren generellen ökologischen Einfluss.

Hierfür werden Daten aus der Produktion, der Verbrauchs- und Nutzungsphase sowie die Recycling- und Entsorgungsdaten verschiedener Fahrzeuge und Fahrzeugtypen aus Studien nationalen und internationalen Quellen zusammengestellt und verglichen. Dabei werden zunächst die Transportarten auf ihren Umwelteinfluss geprüft und gegenübergestellt. Hierbei ist der Seetransport aufgrund der großen Transportmengen am ökologisch günstigsten. Pro transportiertem PKW werden hierbei nur 20-25 % der Treibhausgase pro Kilometer ausgestoßen, die beim Transport eines Exportwagens über Land emittiert werden.

Um die Wiederverwendung eines exportierten Gebrauchtwagens, nach dem Konzept *Second Life*, mit der Neuproduktion eines PKW vergleichen zu können, sind ähnliche Beispielfahrzeuge verschiedener Jahrgänge über ihre Emissionswerte mit einander verglichen worden. Anschließend wird gezeigt, dass sich ein neuproduziertes Fahrzeug im Vergleich mit Exportwagen der Baujahre 2001 und älter oder mit PKW mit einem Emissionsfaktor von mindestens 178,49 g CO_2e/km über die durchschnittliche Nutzungsdauer von 12 Jahren bezüglich der Emissionen rentiert. Bezogen auf die durchschnittliche technische Lebensdauer eines PKW von 18 Jahren rentiert sich ein Neuwagen des Jahres 2016 bis zum Baujahr 2008 des Vergleichswagens oder einem Emissionswert von Letzterem von mindestens 161,46 g CO_2e/km. Bei jüngeren per Schiff exportierten Vergleichsmodellen sowie solchen mit geringeren Ausstößen an Treibhausgasen pro gefahrenem Kilometer belastet der Neuwagen die Umwelt mehr.

ABSTRACT

The following bachelor thesis shows different concepts concerning reuse and recycling of German passenger cars and compares their environmental impact and sustainability. Therefore, national and international data from production-, use- and recycling phase during a vehicles life cycle are analysed and compared to each other.

At first, different transportation types, as sea shipping and the transportation by truck, are compared with reference to their greenhouse gas (GHG) emission comparison. As a first result, the GHG emissions per car at sea shipping are only 20-25 % compared to the ones when they are transported by truck.

Afterwards, this study leads to a comparison of a new produced passenger car with an exported used car. Hence, the production phase of automobiles was compared with the concept of *Second Life*. As a result, regarding its useful life of averaged 12 years, a new produced passenger car is more ecological than a used car manufactured in 2001 or earlier, or which has a GHG emission factor of more than 178,49 g/km.

Considering an average technical life time of 18 years, a new produced passenger car manufactured in 2016 is less harmful than an exported used car, if the latter's year of manufacture is 2008 or earlier, or if its GHG emission factor is at least 161,46 g/km. If the passenger car exported by ship is younger or has a lower emission, the new produced car has a bigger impact on the environment.

1 Einleitung

Aufgrund einer begrenzten Verfügbarkeit von Ressourcen und Mineralien wie zum Beispiel Stahl und Aluminium geraten verschiedenste Methoden der Wiederverwendung immer mehr in den Vordergrund. Gerade die handelsstarken Länder Europas versuchen eine Neuproduktion diverser Gebrauchsgüter im eigenen Land zu reduzieren und anstelle dessen eigene Ressourcen sowie Ressourcen aus anderen Ländern erneut zu verwenden.

Die folgende Bachelorarbeit stellt mehrere Konzepte im Bereich Recycling und Wiederverwendung von Altfahrzeugen (End-of-life vehicles) gegenüber und erläutert den aktuellen internationalen Stand auf diesem Gebiet. Hierbei soll gezeigt werden, was Recycling und Wiederverwendung bedeuten und welcher Nutzen daraus gezogen wird und gezogen werden kann. Um dies zu verdeutlichen wird ein Vergleich von Neufahrzeugen aus dem Jahr 2016 mit exportierten Gebrauchtwagen verschiedenster Jahrgänge sowie Emissionswerten gezogen. Der Vergleich soll verdeutlichen, dass die Wiederverwendung von PKW im Ganzen oder einzelner Teile aufgrund des stark motorisierten globalen Verkehrs sowie der globalen Fahrzeugproduktion einen erheblichen positiven Einfluss auf die Umwelt haben kann.

Des Weiteren soll diese Bachelorarbeit Grundlage für zukünftige Optimierungen in den genannten Bereichen bieten, sodass durch gezielte Veränderungen in diesen Sektoren möglichst große Mengen an Emissionen eingespart werden können und infolgedessen die Umwelt weniger belastet wird.

Um einen repräsentativen Einblick in die technischen Möglichkeiten sowie deren Folgen für Ökonomie und Ökologie zu ermöglichen, bedient sich diese Bachelorarbeit verschiedenster nationaler und internationaler Studien und Nachforschungen auf dem Gebiet der Wiederverwertung aus mehreren Wirtschaftszweigen. Lehrbücher wurden hinzugezogen, um die Abläufe des Recyclingvorgangs verständlich darzulegen.

Das Ziel der folgenden Bachelorarbeit ist somit, die aktuellen Möglichkeiten im Bereich Recycling und Wiederverwendung von Gebraucht- und Altfahrzeugen zu erläutern, sie über die erzeugten Treibhausgasemissionen zu vergleichen und darzulegen, welches Konzept am ökologisch nachhaltigsten ist. Es sollen Anregungen für Firmen in den genannten Bereichen entstehen, ihren ökologischen Fußabdruck zu optimieren.

2   Altfahrzeuge – End-of-life vehicles (ELV)

Die Automobilproduktion und der Handel mit Fahrzeugen sind im stetigen Wachstum und bieten viel Platz für Verbesserungen für Optimierungsmöglichkeiten sowie neue technische Errungenschaften wie die Elektromobilität. PKW, LKW und andere Nutzfahrzeuge sind aus dem Alltag nicht mehr wegzudenken. Heutzutage besitzt jeder Zweite in der Europäischen Union ein Auto (Sakai et al. 2014, S. 4) und weltweit ist die Milliardengrenze an Fahrzeugbesitzern seit dem Jahr 2010 überschritten. Etwa die Hälfte dieser Milliarde an registrierten Fahrzeugen befinden sich in der EU und den USA, mit anteilig 270 und 240 Millionen Fahrzeugen (JAMA 2012, zit. nach: Sakai et al. 2014, S. 2), in Deutschland sind für das Jahr 2016 knapp mehr als 45 Millionen PKW gemeldet (KBA 2017, zit. nach: statista.com). Jedes dieser Fahrzeuge erreicht irgendwann den Punkt, an dem es nicht mehr den Zweck erfüllen kann, für den es produziert wurde. An diesem Punkt, der das Produktlebensende markiert, wird das Fahrzeug per Definition zum Altfahrzeug (Fonseca et al. 2013, S. 1374), wie zum Beispiele dasjenige, das in Abbildung 1 zu sehen ist. Bei einem PKW ist das im Schnitt nach zwölf Jahren der Fall (Martens und Goldmann 2016, S. 407), danach wird es zum Beispiel

Abbildung 1: Altfahrzeug in der Nähe von Darwin, Australien

durch ein neueres Fahrzeug ersetzt und unterliegt anschließend als Altfahrzeug weiteren Verfahren. Bei einer jährlichen Verschrottungsrate an Fahrzeugen von 7% wurden 2012 in etwa 84 Millionen PKW weltweit zu Altfahrzeugen (Wenchao et al. 2016, S. 176), im Jahr 2020 werden es etwa 100 Millionen sein (Tian, S. 458). Da eine solche Menge an sowohl wiederverwertbaren Materialien als auch Schrott einer Regelung sowie Vereinbarungen bedarf, hatten bereits zur Jahrtausendwende die zehn EU-Mitgliedsstaaten, die geschätzt 96% der gesamten Altfahrzeugmenge in der EU ausmachten, darunter Deutschland, Spanien, Frankreich und Italien, entsprechende Regelungen und freiwillige industrielle Vereinbarungen bezüglich Altfahrzeugen getroffen (R. Zoboli et al. 2000, zit. nach: Kanari 2003, S. 17). Diese Regelungen und die später aufgeführten Gesetzesgrundlagen gelten sowohl für PKW mit Brennstoffmotor, als auch für Elektrofahrzeuge, obwohl der Anteil von Letzteren in den meisten EU-Ländern weniger als 1% beträgt (Casals et al. 2017, S. 84–85). Ein PKW besteht aus „ca. 10.000 Einzelteilen unter Verwendung von 40 verschiedenen Werkstoffen" (Martens und Goldmann 2016, S. 409), weshalb sowohl Gebrauchtwagen als auch Altfahrzeuge ihren Nutzen in der weiteren Verwertungskette finden. Abbildung 2 zeigt schematisch in einem Fließdiagramm, welche Verfahren ein Fahrzeug durchlaufen kann, das als Gebrauchtwagen weitere Verwendung findet oder als Altfahrzeug aussortiert wird. Entweder das Fahrzeug wird

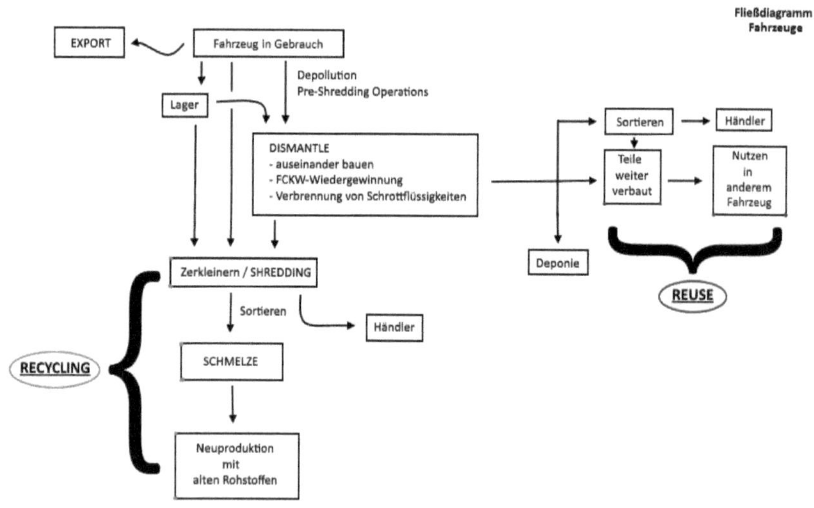

Abbildung 2: Fließdiagramm Fahrzeuge

als Gebrauchtwagen oder ELV für weiteren Nutzen oder zur Verwertung exportiert oder es wird inländisch recycelt oder wiederverwendet. Zunächst werden Batterie, Kraftstoff und weitere Flüssigkeiten entnommen, bevor das Fahrzeug auseinander gebaut wird.

Die entnommenen Teile verlaufen dann entweder den Recyclingweg, werden zerkleinert und gehandelt oder eingeschmolzen, um die Rohstoffe für neue Produkte zu verwenden. Oder sie verlaufen den Wiederverwendungsweg (Reuse), wo sie entsprechenden Nutzen in einem anderen Fahrzeug finden.

3   Recycling, Reduzierung, Wiederverwendung

Die globale Erwärmung schreitet stetig voran und bringt neue technische Anforderungen mit sich. Entsprechend befindet sich auch die Automobilbranche im Wandel. Da die durchschnittliche Nutzungsdauer eines PKW zwölf Jahre beträgt (Martens und Goldmann 2016, S. 407), muss nach entsprechender Zeit das Fahrzeug weitere Verwendung finden, wie zuvor im Fließdiagramm dargestellt, sei es als Altfahrzeug oder Gebrauchtwagen.

Hierfür treten die sogenannten „3R" in den Vordergrund – *Recycling, Reduction and Reuse* (Wenchao et al. 2016, S. 177), folglich Recycling, Reduzierung und Wiederverwendung. Die Hersteller versuchen bei der Produktion Materialien einzusparen und trotzdem dieselbe Effizienz zu liefern. Des Weiteren versuchen sie dafür zu sorgen, dass weniger Schadstoffe in die Umwelt gelangen, zum Beispiel indem Fahrzeuge so ausgelegt werden, dass möglichst wenig nach dem Recyceln oder Wiederverwenden deponiert wird. Hierdurch wird die Menge an entstehendem Schrott und Müll reduziert. Im Moment werden in etwa 75-80% eines Altfahrzeugs recycelt oder wiederverwendet (J. Gerrard und M. Kandlikar 2007, zit. nach: Carcangiu et al. 2010, S. 410). Das Wiederverwenden von Materialien reduziert die zu Produktionsbeginn benötigte Rohstoffmenge, spart Kosten und entlastet die Umwelt (Wenchao et al. 2016, S. 181). Unter welchen Konditionen und Bedingungen die 3R ablaufen, soll nun im Folgenden erklärt und an Beispielen erläutert werden.

3.1   Gesetzesgrundlage

Um eine möglichst hohe Recyclingquote sowie eine gewisse nötige Organisation zu ermöglichen, müssen sich sowohl Hersteller von Kraftfahrzeugen als auch Recycling- und Schredderunternehmen an Gesetzesvorgaben halten. Diese werden heutzutage mit Blick auf Globalisierung und den starken Welthandel in der Automobilbranche jedoch nicht mehr auf nationaler Ebene geregelt. Die Europäische Union (EU) hat hierfür am 21. Oktober 2000 die

EU Richtlinie 2000/53/EC, auch Altfahrzeug-Richtlinie genannt, in Kraft treten lassen. Hiermit soll die Verwertung von Altfahrzeugen und ihr Umwelteinfluss auf europäischer Ebene geregelt werden (Fonseca et al. 2013, S. 1375).

Die genannte Richtlinie nennt Vorgaben für zwei festgesetzte Zeitpunkte. Tabelle 1 zeigt, seit wann die entsprechenden Unternehmen welche Wiederverwendungsrate (Reuse), Verwertungsrate (Recovery) und Recyclingquote erbringen müssen. Die genannten Vorgaben

01. Januar 2006	<u>Wiederverwendung und Verwertung:</u> mindestens **85 Gewichtsprozent (Gew.-%)** pro durchschnittlichem Fahrzeuggewicht und Jahr <u>Wiederverwendung und Recycling:</u> mind. **80 Gew.-%** pro durchschnittlichem Fahrzeuggewicht und Jahr
01. Januar 2015	<u>Wiederverwendung und Verwertung:</u> mindestens **95 Gewichtsprozent (Gew.-%)** pro durchschnittlichem Fahrzeuggewicht und Jahr <u>Wiederverwendung und Recycling:</u> mind. **90 Gew.-%** pro durchschnittlichem Fahrzeuggewicht und Jahr

Tabelle 1: Vorgaben Altfahrzeugrichtlinie (EP 2000, zit. nach: Kanari 2003, S. 18)

der EU wurden unmittelbar vor Inkrafttreten der Regelungen für das Jahr 2015 auf die Möglichkeit, diese Ziele zu erreichen, geprüft. Hierbei wurde über verschiedenste Berechnungen deutlich gemacht, dass das Erreichen der Wiederverwendungs- und Verwertungsrate von 95 Gew.-% eines Altfahrzeugs bis 2015 schwer zu erreichen sein würde (Schmid et al. 2013, S. 126). Heutzutage jedoch müssen die Automobilhersteller sicherstellen und nachweisen, dass alle von ihnen auf den Markt gebrachten Neufahrzeuge die besagte Verwertungsrate von 95% erbringen können (EP 2000, zit. nach: Martens und Goldmann 2016, S. 411).

Zusätzlich zu den genannten Quoten legt die Altfahrzeugrichtlinie fest, dass vor dem Schredder-Prozess mindestens 10 Gew.-% an Bauteilen, Materialien und Flüssigkeiten ausgebaut werden sollen, sofern diese nicht auch danach abgetrennt werden können. Metallische Bauteile und Materialien, wie zum Beispiel die Restkarosse, Kernschrott und Kraftstoff werden hier nicht verrechnet.

Die letzte festgelegte Quote stellt den Recyclingwert der nichtmetallischen Schredderfraktion dar, welche auf maximal 5 Gew.-% reduziert werden soll (EP 2000, zit. nach: Martens und Goldmann 2016, S. 410–411). Dadurch erzielt man eine Reduktion des durch die Altfahrzeuge entstehenden und auf Deponien gelagerten Schrotts von 25 Gew.-% auf besagte maximal 5 Gew.-% (EP 2000, zit. nach: Kanari 2003, S. 15). Abgesehen von solch expliziten Quoten, die seit zwei Jahren erzielt werden sollen, legt die EU Richtlinie 2000/53/EC fest, dass „der Letzthalter von den Kosten für die Entsorgung seines Altfahrzeuges freizustellen ist, anfallende Kosten insofern von Hersteller und Verwertungskette zu tragen wären" (EP 2000, zit. nach: Martens und Goldmann 2016, S. 411).

Durch diese expliziten Quotenvorgaben der EU ist die Dringlichkeit einer solchen Regelung und Organisation noch einmal verdeutlicht worden und zeigt, dass umweltschonende Maßnahmen und nachhaltiges Denken zu einer internationalen und globalen Aufgabe für Automobilhersteller und Länder geworden sind.

3.2 Demontage

Der erste Schritt, den ein Altfahrzeug auf dem Weg zur weiteren Verwertung durchläuft, ist die Demontage des Fahrzeugs mit entsprechender Vorbereitung für Folgeverfahren. „Derzeit sind in Deutschland etwa 1.200 zertifizierte Betriebe tätig" (Martens und Goldmann 2016, S. 411), deren Hauptaufgabe darin besteht, Schadstoffe, wiederzuverwendende Teile und Teile zur sonstigen Verwertung zu entnehmen (Martens und Goldmann 2016, S. 412), sodass am Ende der Verwertungskette nur 1-2% der ursprünglichen Altfahrzeugmasse deponiert werden (Sakai et al. 2014, S. 5).

Zunächst einmal werden alle Flüssigkeiten, Teile und Produkte entnommen, die als gefährlich eingestuft werden (Schmid et al. 2013, S. 119–120). Im Folgenden werden unter anderem Motor, wiederzuverwertende Metalle, Glas, Reifen, Kabel, etc. demontiert, was in etwa einem Drittel der Altfahrzeugmasse entspricht. Das restliche Fahrzeug wandert zur Karossenpresse und die sogenannte Restkarosse im Anschluss zur Schredderanlage (Martens und Goldmann 2016, S. 413).

Heutzutage werden solche Demontageverfahren in den technisch entwickelten Ländern durch Scher- und Verpackungsmaschinen verrichtet, in den entwickelnden Ländern, wie z.B. China, werden Fahrzeuge noch manuell mittels autogenem Brennschneiden unter der Verwendung von Acetylen auseinandergebaut (Wenchao et al. 2016, S. 180). In welchen Ländern welche dieser Verfahren verwendet werden, lässt sich am einfachsten und wahrscheinlichsten über den Human Developement Index (HDI) der Vereinten Nationen (UN)[1] sowie das Bruttoinlandsprodukt pro Kopf abschätzen (Bamse 2007)[2].

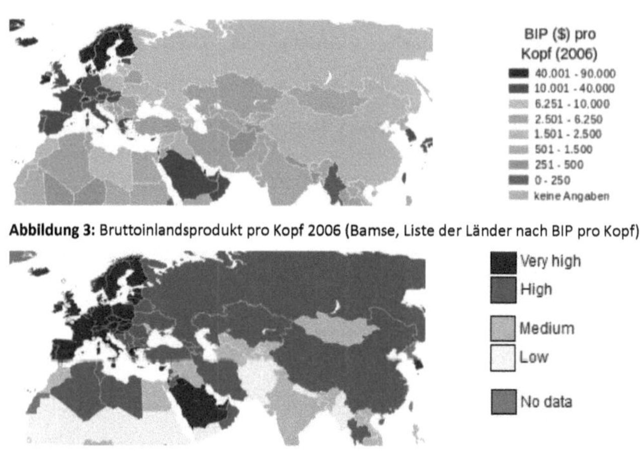

Abbildung 3: Bruttoinlandsprodukt pro Kopf 2006 (Bamse, Liste der Länder nach BIP pro Kopf)

Abbildung 4: Human Developement Index 2014 (DanielSmith300, Human Developement Index)

Hieran und somit aus den Abbildungen 3 und 4 lässt sich indizieren, dass in den zentral- und westeuropäischen Ländern die technischen Standards so weit fortgeschritten sind, dass Fahrzeuge bereits mit Schermaschinen und automatisiert demontiert werden, wohingegen zum Beispiel in Osteuropa und, wie bereits genannt, in China Fahrzeuge noch per Hand mittels Acetylenschneiden demontiert werden.

Der Zeitaufwand für diese Verfahren, der Administration sowie die vorangegangene Entnahme als gefährlich eingestufter Produkte und Flüssigkeiten wird global pro Fahrzeug auf ungefähr 1,5 Stunden geschätzt (Nemry et al., zit. nach: Tian, S. 464) und an Fahrzeugteilen sowie Materialien wird eine Sammelquote von ca. 15-16 % erreicht (Sakai et al. 2014, S. 4–5). Über den technischen Fortschritt kann eine solche Sammelquote gesichert und gewährleistet

---

[1] Wikipedia 2017
[2] Wikipedia 2007

werden. Zudem wird der benötigte Zeitaufwand kontrollierter, sodass die Unternehmen sowohl ökologischer als auch ökonomischer arbeiten.

3.3 Recycling

Wie Abbildung 2 bereits zeigt, ist ein mögliches Ende eines Altfahrzeugs das Recycling. Recycling bedeutet, dass das Fahrzeug in die ursprünglichen Materialien und Rohstoffe überführt und anschließend für ein in der Regel komplett neues, anderes Produkt verwendet wird (Clearance Solutions 2015). Über das Recycling wird also versucht, Rohstoffe, die im Auto verbaut sind, wiederzugewinnen und für andere Produkte zu benutzen, sodass eine nachhaltige Nutzung der begrenzten Menge an z.B. Stahl und Aluminium erzielt werden kann. Abbildung 5 (Martens und Goldmann 2016, S. 408) stellt die Werkstoffanteile verschiedener PKW gegenüber. Sichtlich erkennbar ist, dass die Fahrzeuge mit den Jahren leichter geworden

Werkstoffe	VW Golf 2 1990	VW Golf 7 2012	Daimler C-Klasse 2015	VW Elektro-Golf 7
Stahl-/Eisenwerkstoffe	70,0 %	62,9 %	46,9 %	55,2 %
Leichtmetalle (Al, Mg)	5,0 %	8,2 %	22,0 %	10,3 %
Sonstige NE-Metalle		2,6 %	2,1 %	8,2 %
Polymerwerkstoffe	17,0 %	19,5 %	20,2 %	17,5 %
Prozesspolymere		1,1 %	0,9 %	0,7 %
Elektronik/Elektrik		0,1 %	0,2 %	0,2 %
Sonstige Werkstoffe	4,0 %	3,3 %	3,8 %	4,3 %
Betriebsstoffe/Hilfsmittel	2,3 %	2,3 %	3,7 %	3,6 %

Abbildung 5: Werkstoffanteile verschiedener PKW im Vergleich[3]

sind, indem zum Beispiel Stahl- und Eisenanteile durch Kunststoffe ausgetauscht worden, was wiederum einen positiven Einfluss auf den Kraftstoffverbrauch des jeweiligen Fahrzeugs hat. Bezogen auf das Recycling solcher Mengen an Werkstoffen ist es nun wichtig zu verstehen, dass aus einem Kilogramm (= 1 kg) des jeweiligen Schrottwerkstoffes nicht 1 kg an sogenanntem Sekundärmaterial erzeugt wird. Dies liegt vermutlich an Legierungsanteilen der entsprechenden Werkstoffe sowie hauptsächlich Wirkungsgradverlusten im Recycling-

---

[3] Tabelle aus Martens und Goldmann 2016, basierend auf: Schmid, D., Zur-Lage, L. 2014; Daimler 2014 und D. Goldmann 2009

prozess. Die Produktionsrate des Zweitmaterials im genannten Prozess liegt bezüglich Stahl, Kupfer und Aluminium bei 0.9, 0.76 und 0.97 kg aus 1 kg ursprünglichen, recycelten Metalls (Classen et al 2009, zit. nach: Fonseca et al. 2013, S. 1379).

Die Fahrzeugteile wie zum Beispiel Motor, Getriebe und Fahrzeugkörper werden geschnitten, geschreddert und zu Stahlwerken gebracht oder zunächst gepresst und dann zu Schredder-Unternehmen gebracht, um eisenhaltige Metalle und nicht-eisenhaltige Metalle voneinander zu trennen, wodurch eine höhere Recycling-Effizienz erzielt wird. Die zweite Variante und damit die aufwendigere, aber effektivere findet man in entwickelten Ländern, wohingegen einfaches Pressen und Schreddern der metallischen Teile in entwickelnden Ländern verbreitet ist (Wenchao et al. 2016, S. 180).

Im Jahr 2010 gab es weltweit in etwa 40 Millionen Altfahrzeuge, davon fast 8 Millionen aus der EU und 500.000 aus Deutschland (Sakai et al. 2014, S. 3)[4] und generell wird geschätzt, dass in der EU pro Jahr zwischen acht und neun Millionen Fahrzeuge zu Altfahrzeugen werden (Kanari 2003, S. 16). Im Folgenden ist nun dargestellt, dass das Recycling verschiedenster Fahrzeuge zwar Vorteile bezüglich der Werkstoffwirtschaft, jedoch auch ökologische Folgen hat. Tabelle 2 zeigt wie hoch das Treibhauspotential (GWP = *global warming potential*) pro recyceltem Altfahrzeug ist. Als Einheit hierfür dient das sogenannte CO_2-Äquivalent (CO_2e), das die Summe der ausgestoßenen Treibhausgase darstellt.

Fahrzeugtyp	CO_2e Freisetzung Recycling [kg CO_2e]
Otto Verbrennungsmotor [5]	398,05
Otto Hybrid [6]	357,07
Diesel Verbrennungsmotor [7]	415,61
Batterie Elektrofahrzeug [8]	386,34
Mercedes S Klasse [9]	518,84
Elektrofahrzeug [10]	500,00
Durchschnitt:	**429,32**

Tabelle 2: Treibhauspotential beim Recycling

---

[4] zusammengesetzt aus: Eurostat ELV 2010, Jody et al. 2010, Automotive Recyclers of Canada 2011, Adcley Souza 2012, Yoshida und Hiratsuka 2012, Xiang und Ming 2011, Oh 2012 und Environment Australia 2002

[5] Hinrich et al. 2016 - Weiterentwicklung und vertiefte Analyse der Umweltbilanz von Elektrofahrzeugen (S.79)

[6] Ebd.

[7] Ebd.

[8] Ebd.

[9] Finkbeiner und Hoffmann 2006 - Application of Life Cycle Assessment for the Environmental Certificate of the Mercedes-Benz S-Class

[10] Held und Baumann 2011, Helms et al. 2010, Eiber und Grassmann 2012, Genikomakis et al. 2013, zit. nach: Casals et al. 2017

Der Vergleichswert beim GWP ist Kohlenstoffdioxid und die weiteren ausgestoßenen Treibhausgase werden bezüglich ihrer Schädlichkeit für die globale Erwärmung mit CO_2, welches im Treibhauspotential den Faktor 1 annimmt, verglichen. Anschließend werden ihre Massen mit entsprechendem Faktor multipliziert und mit der Menge an ausgestoßenem CO_2 aufsummiert[11]. Beim Recyceln eines Altfahrzeugs werden folglich ca. 350 bis 520 kg CO_2e freigesetzt. Der Durchschnitt aus den sechs genannten Werten beträgt 429,32 kg CO_2e, sodass pro Altfahrzeug im Schnitt weniger als eine halbe Tonne CO_2e freigesetzt wird. Bezogen auf die gesamte Menge an Treibhausgasen, die während des Lebenszyklus eines Fahrzeugs freigesetzt wird, ist der Anteil, der beim Recycling entsteht, verhältnismäßig gering.

3.3.1 Schreddern und ASR

Ein weiterer Teilschritt des Recyclingprozesses, den das Altfahrzeug, welches nach der Demontage noch 55-70 % seiner ursprünglichen Masse hat (Sakai et al. 2014, S. 4), durchläuft, ist der Schredder-Prozess. „Das Schreddern ist ein Verfahren der Aufschlusszerkleinerung mit dem Ziel, die Karosse in sortierfähige Stückgrößen von < 150 mm zu zerkleinern und durch die besondere Art der Beanspruchung die Werkstoffverbindungen auseinander zu reißen" (Martens und Goldmann 2016, S. 418). Bei diesem Teilschritt des Recyclings kommt zum Zerkleinern eine Hammermühle zum Einsatz. Im Anschluss gelangen die Stücke zu einem Luftstromsichter, wo eiserne Metalle über Magnettrommeln und nicht eiserne Metalle über einen weiteren Trenner separiert werden (Vermeulen et al. 2011, zit. nach: Sakai et al. 2014, S. 4). Der unsortierte Abfallfluss, der beim Schreddern entsteht und bis zu 15 % der Altfahrzeugmasse ausmacht, wird *automotive shredder residue*, kurz ASR, genannt (Fonseca et al. 2013, S. 1375). ASR ist somit der Rest des Altfahrzeugs, der am Ende deponiert wird. Um auf die von der EU vorgegebenen Recyclingquoten von 95 Gew.-% oder sogar mehr zu kommen, ist es notwendig, die Menge an ASR zu reduzieren bzw. dessen Ausbeute zu erhöhen (Vermeulen et al. 2011, Passarini et al. 2012, zit. nach: Sakai et al. 2014, S. 7). Infolgedessen sorgen neue Technologien für eine weitere Behandlung von ASR, was den letztendlichen Anteil des Altfahrzeugs, der deponiert wird, reduziert (Santini et al. 2011; Stagner et al. 2012, zit. nach: Wenchao et al. 2016, S. 177). Hierzu zählen zum Beispiel thermo-chemische Behandlungen wie die Pyrolyse oder Anwendungen, bei denen ASR direkt in Energie

---

[11] Wikipedia 2017

umgewandelt wird, zum Beispiel als Brennstoff in metallurgischen Prozessen (Vermeulen et al. 2011, zit. nach: Sakai et al. 2014, S. 11). Neben diesen sogenannten *post shredder treatments* (PSTs), also Verfahren nach dem eigentlichen Schredderprozess, ist eine vorab durchgeführte intensive Demontage des Fahrzeugs wichtig und eine effektive Methode, um die entstehende Menge an ASR sowie dessen Giftigkeit zu reduzieren (Sakai et al. 2014, S. 9). In Deutschland sind zur Zeit (2016) 40 bis 50 Schredderbetriebe gemeldet, die sich um eine solche maschinelle Zerkleinerung sowie das Sortieren der Werkstoffe zur weiteren Verwertung kümmern (Martens und Goldmann 2016, S. 412).

3.4 Wiederverwendung und Second Life

Im Gegensatz zum Recycling steht das Wiederverwenden. Im Folgenden werden nun die verschiedenen Möglichkeiten der Wiederverwendung sowie das Konzept *Second Life* von Gebrauchtwagen vorgestellt. Über gewählte Exportbeispiele und ihre Emissionswerte wird ein Vergleich zu Werten aus der Fahrzeugproduktion hergestellt, um das Konzept *Second Life* auf Rentabilität und Nachhaltigkeit zu prüfen.

3.4.1 Wiederverwendung

Die andere Möglichkeit, die Abbildung 2 als Verwertungsweg eines Altfahrzeugs darstellt, ist das umfassende Gebiet der Wiederverwendung. Wiederverwendung bedeutet im Allgemeinen, ein Objekt in dem Zustand weiter zu benutzen, in dem es sich befindet. Somit umgeht man eine Neuproduktion entsprechender Teile und reduziert Emissionen und Müll (Clearance Solutions 2015). Da aber nicht jedes wiederzuverwendende Teil in den besten Konditionen ist und teils ausgebessert werden muss, gibt es verschiedene Verfahren der Wiederverwendung, die darauf ausgelegt sind, das ursprüngliche Fahrzeugteil der Beanspruchung an der neuen Stelle anzupassen. Somit werden Teile zwar leicht bearbeitet, aber im Gegensatz zum Recycling nicht eingeschmolzen, um anschließend etwas Neues zu produzieren, sondern eine Neuproduktion wird durch weniger die Umwelt belastende Verfahren umgangen, die der Aufbereitung des Produkts dienen.

Als logistisch einfachstes Konzept ist hier das Konzept *Relocate* zu nennen, bei dem, wie der Name schon verdeutlicht, ein Fahrzeugteil in guter Verfassung nur gesäubert und, falls nötig, leicht ausgebessert wird und dann an anderer Stelle desselben Produkttyps verbaut wird, zum

Beispiel Aluminiumfelgen. Eine zweite Möglichkeit der Wiederverwendung ist das *Kaskadieren*. Hierbei wird ein Produkt auf eine leichtere Beanspruchung oder andere Anwendung heruntergestuft als die für die es ursprünglich produziert worden ist. Das Kaskadieren zählt auch zur Wiederverwendung, findet jedoch im Automobilbereich weniger Anwendung als vor allem in der Bauindustrie.

Im Gegensatz zu diesen beiden technisch weniger aufwendigen Konzepten sind Strategien wie *Reform* und *Remanufacture* deutlich aufwendiger. Unter *Reform* versteht man, dass ein Produkt in eine für die Wiederverwendung sinnvollere Geometrie gebracht wird, d.h. das Bauteil wird in eine der neuen Verwendung angepassten Form gebracht. Dies ist zum Beispiel bei Schiffsplatten der Fall, deren Stahl dann erneut verwendet wird. Im kleineren Rahmen könnten entsprechend auch Motorhauben wiederverwendet werden. Die daraus resultierenden geformten Platten könnten in verschiedenste neue Anwendungsgebieten die Neuproduktion von Materialien ersparen.

Remanufacture ist wohl das aufwendigste Konzept der bereits genannten. Hierbei wird ein Produkt technisch so aufbereitet, dass es im selben Produkttyp einer gleichen Belastung ausgesetzt werden kann wie in seinem ersten technischen Lebenszyklus (Cooper und Allwood 2012, S. 10338). Diese Methode wird vor allem bei Motoren angewandt, was pro wiederaufarbeiteten Motor 68-83 % der Energie, die die Neuproduktion eines Motors benötigt, einspart und die CO_2 Emissionen um 73-87 % reduziert (Smith und Keoleian 2012, zit. nach: Wenchao et al. 2016, S. 177). Dadurch spart das Aufarbeiten des Motors die meiste Energie, reduziert das Treibhauspotential mehr als andere Prozesse und ist neben der Wiedergewinnung des Kühlmittels die effektivste Wiederverwendungsmethode, um Treibhausgasemissionen unter Kontrolle zu halten (Wenchao et al. 2016, S. 184).

Insgesamt umfasst das global technisch mögliche Potential an Wiederverwendung 27% des verbauten Stahls und 33% des Aluminiums (Cooper und Allwood 2012, S. 10337).

3.4.2 Second Life

Wird ein Fahrzeug stillgelegt, gelangt es entweder zur Verwertung oder wird als Gebrauchtwagen exportiert und dort wieder- bzw. weiterverwendet. Dieser zweite Lebenszyklus als exportiertes Gebrauchtfahrzeug wird *Second Life* genannt. Im Jahr 2005 wurden weltweit 5,65 Millionen Gebrauchtfahrzeuge gehandelt, davon 22 % aus Deutschland, 21 % aus den USA und 20 % aus Japan. Von diesen fast 6 Millionen Gebrauchtfahrzeugen gingen 54 % an Entwicklungsländer, der Rest an Industriestaaten bzw. entwickelte Länder (Fuse et al. 2009, S. 348). „Weltweit wurden 2014 fast 68 Millionen PKW produziert, in Deutschland 5,6 Millionen. In Deutschland fahren z. Zt. etwa 40 Millionen PKW, davon wurden 2012 rund 3,2 Mio. abgemeldet" (Martens und Goldmann 2016, S. 407) und von diesen knapp mehr als 3 Millionen in Deutschland stillgelegten PKW gelangten nur knapp eine halbe Million als Altfahrzeuge zur inländischen Verwertung, 1,35 Millionen wurden als Gebrauchtfahrzeuge exportiert und über den Rest liegen keine Daten über den Verbleib vor (UBA 2014, zit. nach: Martens und Goldmann 2016, S. 407).

Der Bedarf an Gebrauchtfahrzeugen in Entwicklungsländern ist hoch. Durch Schwarzmärkte und hohe Tarife in den importierenden Ländern besteht jedoch eine hohe Wahrscheinlichkeit von Unterfrakturierung und wildem Schmuggeln. Trotz intensiver Kontrollen bieten Freihandelszonen ein Schlupfloch bei der Kontrolle von Importen, weshalb die Handelsdaten aus Entwicklungsländern wenig verlässlich sind[12]. Dies zeigt sich vor allem daran, dass die Export- und Importdaten nicht mit denen des entsprechenden Partnerlandes übereinstimmen, da viele Fahrzeuge unter der Hand gehandelt werden (Bhagwati 1964, zit. nach: Fuse et al. 2009, S. 349).

Im weiteren Verlauf wird dargelegt, inwieweit das Konzept *Second Life* die Umwelt entlastet und mit den anderen Methoden der Verwertung sowie der Produktion von PKW verglichen.

3.4.3 Konkretisierung an Beispielen

Bevor nun Beispiele für das Exportieren und Weiterverwenden eines PKW genannt und erläutert werden, zeigt Tabelle 3 für verschiedene Fahrzeuge die Treibhauspotentiale bei der Produktion. Mit einem Durchschnitt von über acht Tonnen pro produziertem PKW liegt das emittierte CO_2-Äquivalent deutlich höher als der oben genannte Durchschnittswert beim Recycling von etwa einer halben Tonne.

---

[12] Yeats 1990 und 1995, Ministry of the Environment Japan 2006, Pelletiere und Reinert 2002, zit. nach: Fuse et al. 2009, S. 349

Fahrzeugtyp	CO₂e Freisetzung Produktion [kg CO₂e]
Otto Verbrennungsmotor [13]	5.742,44
Otto Hybrid [14]	7.627,32
Diesel Verbrennungsmotor [15]	5.865,37
Batterie Elektrofahrzeug [16]	9.225,37
Mercedes S Klasse [17]	12.512,03
Elektrofahrzeug (Casals, García et al.) [18]	11.000,00
Durchschnitt:	**8.662,09**

Tabelle 3: Treibhauspotential bei der Produktion

Um nun das Konzept Second Life mit einzubringen und mit der Produktion zu vergleichen, wird zunächst das Transportszenario per Seeweg gewählt und im Anschluss der Transport von PKW via verschiedener LKW nach Euro5 dargelegt.

Für den Transport mit dem Schiff sei nun ein Containerschiff mit einer Tragfähigkeit von 103.700 t und insgesamt 11.000 Stellplätzen für 20-Fuß-Container, sogenannte *Twenty-Foot Equivalent Units* oder kurz TEUs, gewählt.[19] Auf jeden dieser Stellplätze wird nun ein zu exportierendes Fahrzeug mit einem gewählten Gewicht von je 1 t geladen, sodass ein transportiertes Gewicht von 11.000 t erzielt wird.

Als Transportroute ist nun der Weg von Hamburg in Deutschland nach Bilbao in Spanien gewählt: Aufgrund der repräsentativen Größe des Hafens sowie wegen des Bezugs zu deutschen Exportwagen wurde der Hamburger Hafen gewählt. Bilbao, als Hafenstadt in Spanien, wurde ausgewählt, da Spanien zu den Top 20 importstärksten Länder bezüglich PKW gehört.

Diese Route entspricht einer Distanz von 1220 Seemeilen[20] bzw 2259,44 Kilometern. Ein solcher Transport hinterlässt seine Spuren, da bei der Verbrennung von Diesel CO_2 freigesetzt wird. Die im Folgenden berechneten Werte können alle auch als CO_2-Äquivalent gewertet

---

[13] Hinrich et al. 2016 - Weiterentwicklung und vertiefte Analyse der Umweltbilanz von Elektrofahrzeugen
[14] Ebd.
[15] Ebd.
[16] Ebd.
[17] Finkbeiner und Hoffmann 2006 - Application of Life Cycle Assessment for the Environmental Certificate of the Mercedes-Benz S-Class
[18] Held und Baumann 2011, Helms et al. 2010, Eiber und Grassmann 2012, Genikomakis et al. 2013, zit. nach: Casals et al. 2017
[19] Internationale Frachtschiffreisen Pfeiffer GmbH
[20] Ports.com

werden, da bei der Verbrennung von Diesel abgesehen von CO_2 kein weiteres Treibhausgas ausgestoßen wird, das ins GWP einfließt.

Pro transportierter Tonne und zurückgelegtem Kilometer stößt ein Schiff 15 g CO_2 (ε_{CO2e_1}), für die im Folgenden betrachteten Dieselverbrennungen und nun als CO_2e betrachtet, aus[21]. Somit errechnet sich die ausgestoßene CO_2e-Menge für den Transport von 11.000 PKW mittels Gleichung

$$m_{CO2e_{ges}} = \varepsilon_{CO2e_1} * m_{Transport} * l_{Distanz} \qquad (3.4.3\text{-}1)$$

3.4.3-1 und beträgt ca. 372,81 Tonnen CO_2e, was pro transportiertem Fahrzeug einer Emission von **33,89 kg CO_2e** entspricht.

Um das ausgestoßene Treibhauspotential für den Transport via LKW statt Schiff berechnen zu können, müssen vorab die Kraftstoffverbrauchswerte (KV) der LKW bei entsprechender Nutzlast (NL) bestimmt werden. Gleichung 3.4.3-2 zeigt, dass der Kraftstoffverbrauch bei entsprechender Beladung vom Verbrauch im Leerzustand (KV_{leer}), dem Verbrauch bei maxi-

$$KV_{NutzLast-ist} = KV_{leer} + (KV_{voll} - KV_{leer}) * \frac{NL_{ist}}{NL_{max}} \qquad (3.4.3\text{-}2)^{[22]}$$

maler Beladung (KV_{voll}) sowie vom Verhältnis der gegebenen Nutzlast zur maximal möglichen Nutzlast abhängt.

Als Beispiel LKW sind nun ein 12-Tonner und ein 18-Tonner nach Euro 5 und mit AdBlue-Tank, dessen CO2-Blianz später dazu summiert wird, gewählt, welche eine entsprechende Anzahl PKW transportieren. Tabelle 4 stellt die Werte der beiden Fahrzeuge gegenüber und stellt am Ende den vorliegenden Kraftstoffverbrauch dar.

---

[21] IMO, zit. nach: Internationale Frachtschiffreisen Pfeiffer GmbH
[22] Andre Kranke 2010 - VerkehrsRUNDSCHAU

	12 t Euro 5	**18t Euro 5**
$Nutzlast_{max}$ [t][23]	6,5	9
Transportierte PKW á 1t	6	9
$Nutzlast_{ist}$ [t]	6	9
KV_{leer} [l/100km][24]	15,7	17,8
KV_{voll} [l/100km][25]	19,6	24
$KV_{NutzLast-ist}$ [l/100km]	**19,3**	**24**

Tabelle 4: Verbrauchs- und Nutzlastwerte Beispiel LKW 12t und 18t

Bei der Verbrennung von einem Liter Diesel wird 2,63 kg CO2 bzw. CO2e freigesetzt (ε_{CO2e_2})[26]. Da die LKW-Hersteller bestimmte Stickoxid-Grenzwerte einhalten müssen, sind in den hier gewählten Euro5-LKW AdBlue-Tanks verbaut. AdBlue ist ein Harnstoff, der das Abgas reinigt und somit die Stickoxid-Emissionen senkt. Der Verbrauch an AdBlue wird auf durchschnittlich 2-5 % des Dieselverbrauchs geschätzt, weshalb im Folgenden 3,5% des Dieselverbrauchs als AdBlue-Verbrauch angenommen werden. Je verbranntem Liter AdBlue entsteht pro 100km 238 g CO_2[27].

$$m_{CO2e_{ges}} = KV_{Nutzlast-Ist} * \varepsilon_{CO2e_2} * l_{Distanz} + m_{CO2e_{AdBlue}} \qquad (3.4.3-3)$$

Der Ausstoß an CO2e durch die Verbrennung von AdBlue ($m_{CO2e_{AdBlue}}$) ist somit abhängig vom Kraftstoffverbrauch des LKW sowie der gefahrenen Distanz von Hamburg nach Bilbao, welche ca. 1828 km beträgt[28]. Beides wird dann mit dem Faktor von 238 g CO_2 pro 100 km und Liter verrechnet. Mittels Gleichung 3.4.3-4 errechnet sich die CO2e-Menge an AdBlue für die gewählte Strecke, welche zusammen mit den weiteren relevanten Werten der beiden LKW in Tabelle 5 gelistet sind.

$$m_{CO2e_{AdBlue}} = KV_{AdBlue} * \varepsilon_{CO2e_{AdBlue}} * l_{Distanz}^2 \qquad (3.4.3-4)$$

---

[23] VerkehrsRundschau, zit. nach: Ebd.
[24] Ebd.
[25] Ebd.
[26] Deutsche BP, Concawe und VerkehrsRundschau, zit. nach: Andre Kranke 2010 - VerkehrsRUNDSCHAU
[27] Andre Kranke 2010 - VerkehrsRUNDSCHAU
[28] Google Maps

	12t Euro5	**18t Euro5**
$KV_{AdBlue}[l/100km]^{29}$	0,68	0,84
$KV_{AdBlue_{Distanz}}[l/1828,3km]$	12,35	15,36
$m_{CO2e_{AdBlue}}[kg]$	**53,74**	**66,83**
$\dfrac{m_{CO2e_{AdBlue}}}{PKW}[kg]$	8,96	7,43

Tabelle 5: AdBlue-Verbrauch und -Treibhauspotential

Tabelle 6 stellt nun das Resultat der in Gleichung 3.4.3-3 eingesetzten Werte und somit den Vergleich der entsprechenden Emissionswerte beider LKW dar. Erkennbar ist, dass der 18-Tonner zwar insgesamt mehr Treibhausgase emittiert als der 12-Tonner, jedoch mehr

	12t Euro5	18t Euro5
$m_{CO2e_{ges}}[kg]$	981,77	1.220,85
$\dfrac{m_{CO2e_{ges}}}{PKW}[kg]$	163,63	135,65

Tabelle 6: Treibhauspotential Beispiel LKW

Fahrzeuge transportieren kann, sodass sich dieser pro transportiertem Fahrzeug ökologisch mehr lohnt und die Umwelt um in etwa 30 kg CO_2e pro exportiertem Fahrzeug weniger belastet. Zusätzlich wird nun der Vergleich mit dem Schifftransport betrachtet. Der Gesamtausstoß des Schiffes liegt beachtlich über dem der LKWs für dieselbe Strecke über

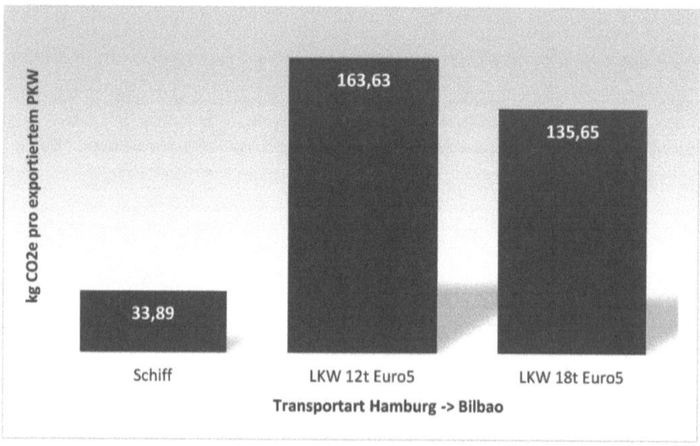

Abbildung 6: Treibhauspotential pro exportiertem Fahrzeug

---

[29] Andre Kranke 2010 - VerkehrsRUNDSCHAU

Land, jedoch sind die Treibhausgasemissionen pro exportiertem Fahrzeug deutlich geringer, da mit dem Schiff mehr als das Tausendfache an Fahrzeugen transportiert werden kann. Abbildung 6 verdeutlicht den ökologischen Vorteil des Schifftransports mit den LKW. Pro exportiertem Fahrzeug liegt der CO_2e-Ausstoß hier bei gerade mal ca. einem Viertel des Wertes vom 18 t-LKW, im Vergleich zum 12 t-LKW ist es sogar nur in etwa ein Fünftel. Der Transport per Schiff ist somit aufgrund der hohen Transportmengen des exportierten Guts bezüglich der Treibhausgasemissionen deutlich ökologischer.

Da jedoch nicht jedes Handelsziel per Schiff erreichbar ist, sollten für den Transport über Land Transporter eingesetzt werden, welche eine größere Menge transportieren können und somit eine geringere spezifische Treibhausgasemission verursachen. Des Weiteren ist eine kombinierte Möglichkeit des Transports via Schiff zu entsprechenden Hafenstädten und von dort an weiter über Land zu den jeweiligen Zielen immer noch umweltschonender von den spezifischen Treibhausgasemissionen her als ein reiner Transport per LKW über Land.

4 Alternativen im direkten Vergleich

Das Ziel dieser Studie ist, die Möglichkeiten von Recycling und Wiederverwendung über die Treibhausgasemissionen zu vergleichen und darzulegen, welches Konzept am nachhaltigsten ist. Nachdem nun erläutert wurde, dass aufgrund der hohen Transportmenge der Schifftransport ökologischer ist, soll im Folgenden verglichen werden, ob ein neu produzierter PKW von den Emissionen her die Umwelt auf eine gewisse gefahrene Distanz mehr belastet als die Wiederverwendung bzw. das weitere Nutzen eines exportierten Gebrauchtfahrzeugs. Hierfür müssen zunächst die Rahmenbedingungen für den Vergleich definiert werden. Als Gebrauchtwagen wird ein PKW des Jahrgangs (Jg.) 2002, welcher per Schiff von Hamburg nach Bilbao überführt wird, gewählt. Dieser stößt pro gefahrenem Kilometer <u>177,5 g CO_2e</u>[30] (ε_{2002}) aus. Wie bereits erwähnt werden die CO_2-Werte der Dieselverbrennungen als CO2-Äquivalent (CO_2e) betrachtet, da abgesehen von CO_2 kein Treibhausgas bei der Verbrennung von Diesel freigesetzt wird.

---

[30] KBA, zit. nach: Statista.com

Der Gebraucht-PKW wird mit einem in Bilbao neu produzierten PKW Jahrgang 2016 verglichen, welcher pro Kilometer 127,4 g CO_2e[31] (ε_{2016}) ausstößt und somit ca. 50 g CO_2e/km weniger in die Umwelt emittiert.

Verkettet man nun beide Szenarien, um den Vergleich ziehen zu können, unterscheiden sich die CO_2e-Vorbelastungen der beiden Fahrzeuge erheblich voneinander: Das exportierte Gebrauchtfahrzeug hat lediglich die Emissionen aus dem Transport per Schiff als Vorbelastung, somit die oben genannten 33,89 kg CO_2e ($m_{CO2e_{V_1}}$). Das neu produzierte Fahrzeug hat jedoch den gemittelten Durchschnittswert an CO_2e-Emissionen aus der Produktion als Vorbelastung, 8662,09 kg CO_2e ($m_{CO2e_{V_2}}$) und somit das über 250-fache gegenüber dem Wert des Gebrauchtwagens. Nun lässt über die Gleichungen 4-1 für den Gebrauchtwagen Jahrgang 2002 und 4-2 für den Neuwagen der jeweilige Ausstoß an Treibhausgasen ($m_{CO2e_{Jg.x}}$) inklusive der genannten Vorbelastung bestimmen, wobei x den entsprechenden Kilometer markiert.

$$m_{CO2e_{2002}} = m_{CO2e_{V_1}} + x \; km * \varepsilon_{2002} \qquad (4\text{-}1)$$

$$m_{CO2e_{2016}} = m_{CO2e_{V_2}} + x \; km * \varepsilon_{2016} \qquad (4\text{-}2)$$

Durch das Gleichsetzen und Umformen beider Gleichungen nach x erhält man Gleichung 4-3 und somit den Schnittpunkt beider Geraden. Auf diese Weise wird die zu fahrende Distanz ermittelt, an dem beide Fahrzeuge trotz ihrer unterschiedlichen Vorbelastung dieselbe Menge an Treibhausgasen emittiert bzw. verursacht haben.

$$x \; km = \left.(m_{CO2e_{V_2}} - m_{CO2e_{V_1}})\middle/(\varepsilon_{2002} - \varepsilon_{2016})\right. \qquad (4\text{-}3)$$

Tabelle 7 zeigt die bis zum jeweiligen Kilometer x ausgestoßene Gesamtmenge an CO_2e. Mit den entsprechenden Werten ergibt sich eine Strecke von ca. 172.219 km, die beide Auto fahren müssten, bis sie dieselbe Menge an Treibhausgasen inklusive der CO_2e-Vorbelastung aus Transport bzw. Produktion emittiert hätten.

---

[31] Ebd.

Wie vorab erwähnt beträgt die durchschnittliche Nutzungsdauer eines PKW zwölf Jahre (Martens und Goldmann 2016, S. 407). Laut einer Statistik des Kraftfahrt-Bundesamts (KBA) aus dem Jahr 2015 liegt die durchschnittlich mit einem PKW gefahrene Jahresdistanz bei 14.074 km (KBA 2015). Zum Vergleich der beiden Fahrzeuge ist dieser Wert sowie die entsprechenden Emissionsstände ebenfalls in Tabelle 6 aufgeführt.

Kilometerstand	Treibhausgasemissionen Gebrauchtwagen Jg.2002 (importiert per Schiff) [kg CO₂e]	Treibhausgasemissionen Neuwagen Jg.2016 (produziert in Bilbao) [kg CO₂e]
0	33,9	8.662,1
5.000	921,4	9.299,1
10.000	1.808,9	9.936,1
14.074	2.532,0	10.455,1
25.000	4.471,4	11.847,1
50.000	8.908,9	15.032,1
75.000	13.346,4	18.217,1
100.000	17.783,9	21.402,1
125.000	22.221,4	24.587,1
172.219	**30.602,8**	**30.602,8**
200.000	35.533,9	34.142,1
225.000	39.971,4	37.327,1
250.000	44.408,9	40.512,1

Tabelle 7: Treibhausgasemissionen bei verschiedenen Kilometern im Vergleich

Zur Veranschaulich des Vergleichs und ihrer jeweiligen Emissionsgeraden, stellt Abbildung 7 den Verlauf der beiden Geraden grafisch dar. Sichtlich erkennbar ist der Schnittpunkt bei ca. 172.219km und die jeweiligen CO₂e-Vorbelastungen der beiden Fahrzeuge. Zudem ist erkennbar, dass aufgrund des geringeren Emissionswertes pro Kilometer die Steigung der Geraden des Neuwagens deutlich geringer ist. Ableiten kann man aus dieser Grafik, dass nach diesen 172.219km der Neuwagen ökologisch rentabler ist als das Gebrauchtfahrzeug von 2002. Dass der Schnittpunkt der Emissionsgerade erst bei einer so hohen Fahrleistung eintritt, ist der hohen Vorbelastung des Neuwagens bei der Produktion, den relativ geringen

Emissionen beim Export des Gebrauchtfahrzeugs via Schiff sowie der entsprechenden Differenz der Emissionswerte zu verdanken.

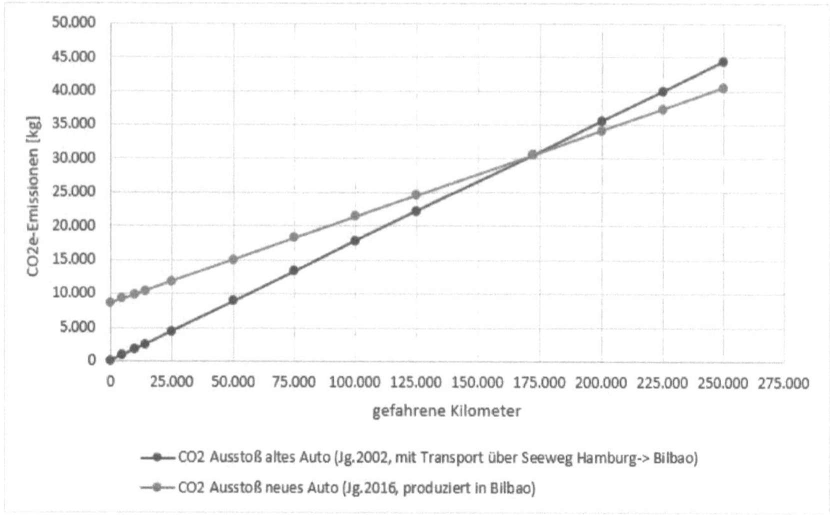

Abbildung 7 - Emissionsgerade Neuwagen und Gebrauchtfahrzeug im Vergleich

Dieser Vergleich ist zunächst aus mehreren Gründen hypothetisch: Zum einen liegen diese 172.219 km über dem Kilometerstand, den ein Fahrzeug bei der typischen Nutzungsdauer von zwölf Jahren bei durchschnittlich 14.074km pro Jahr zurückgelegt hätte, nämlich 168.888km. Wenn man den zu produzierenden Neuwagen nun nur besagte zwölf Jahre und den Gebrauchtwagen nach seiner bereits vollbrachten Gebrauchszeit auch nochmal diese entsprechende Zeitspanne nutzen würde, wäre der Gebrauchtwagen von den Treibhausgasemissionen dennoch rentabler als ein neu produzierter PKW. Dies liegt an der hohen CO_2e-Vorbelastung, welche der Neuwagen durch die Produktion aufzuweisen hat.

Zum anderen wird für den Vergleich angenommen, dass der Gebrauchtwagen von seiner technischen Lebensdauer her noch imstande ist, eine solche Zeit lang zu fahren. Die technische Lebensdauer eines PKW bis zur Verschrottung beträgt im Schnitt 18 Jahre (Entsorgung.de 2014, zit. nach: statista.com). Könnte der Gebrauchtwagen aufgrund einer geringen oder nicht vorhandenen Nutzung vor dem Export noch die Nutzungs- und bzw. oder Lebensdauer nach dem Export erfüllen, so wird Vergleich konkret statt hypothetisch.

Um nun nicht nur einen Gebrauchtwagen aus dem Jahr 2002 mit einem neu produzierten PKW zu vergleichen, sind in Abbildung 8 verschiedene Jahrgänge des Gebrauchtfahrzeugs mit ihren jeweiligen CO_2e-Ausstößen (ε_x) in g/km verrechnet. Mit Gleichung 4-3 wurde berechnet, wie viele Kilometer der 2016 produzierte Neuwagen fahren müsste, um auf die dieselbe Menge verursachten Emissionen zu kommen wie das Gebrauchtfahrzeug aus dem Jahr x. Des Weiteren wurde hierüber berechnet und auf der Ordinate aufgetragen, wie viele Jahre der Neuwagen bei einer Fahrleistung von 14.074 km pro Jahr fahren müsste, um zu dem Zeitpunkt zu gelangen, ab dem es sich ökologisch rentiert und folglich umweltschonender als das exportierte Gebrauchtfahrzeug ist.

Sichtlich erkennbar ist, dass die pro Kilometer ausgestoßene Menge an Treibhausgasen mit den Jahren sehr viel niedriger geworden ist. Innerhalb von nicht einmal 20 Jahren wurde der Ausstoß um in etwa ein Drittel reduziert. Hervorgehoben sind innerhalb der Tabelle die Werte entsprechend der durchschnittlichen Nutzungsdauer eines PKW von 12 Jahren sowie der durchschnittlichen technischen Lebensdauer von 18 Jahren, welche die Nutzung der beiden im Vergleich verwendeten Fahrzeuge einschränken.

Über diese Zeitangabe konnte bei durchschnittlicher Jahresleistung von 14.074 km/Jahr die zu fahrende Strecke ermittelt werden. Durch das Umstellen von Gleichung 4-3 wurde der entsprechende Emissionswert des Exportfahrzeugs bestimmt, welches darüber einem Jahrgang zugeordnet wurde. Diese beiden Jahrgänge der Gebrauchtwagen, 2001 und 2008, markieren also die Grenze für die Nutzungs- bzw. technische Lebensdauer.

Daran lässt sich indizieren, für welchen Jahrgang eines Exportwagens eine solche Form der Wiederverwendung von den Treibhausgasemissionen ökologischer ist, als ein neues Fahrzeug zu produzieren. Das Diagramm in Abb. 8 veranschaulicht diesen Vergleich über die Jahrgänge,

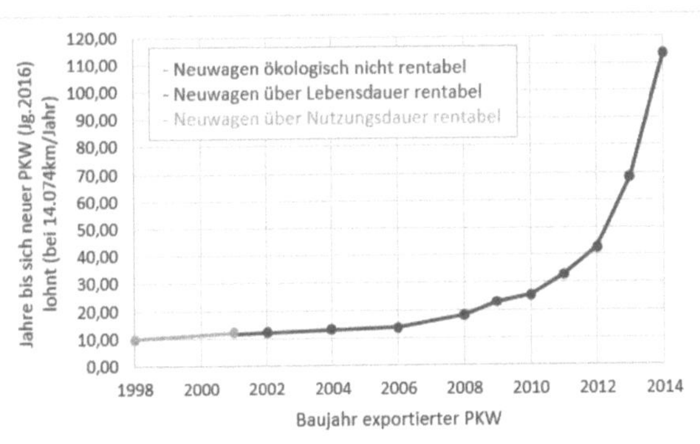

Abbildung 8: Rentabilitätszeitraum für Neuwagen im Vgl. mit Exportwagen verschiedener Jahrgänge

basierend auf den soeben genannten Berechnungen. Es zeigt den hypothetischen Verlauf, wie lange der neu produzierte PKW gefahren werden müsste, um sich im Vergleich mit den dargestellten Baujahren ökologisch zu rentieren. Der grüne Abschnitt markiert die Jahrgänge, die im Vergleich mit dem Neuwagen nach unter 12 Jahren, also innerhalb der durchschnittlichen Nutzungsdauer, die Umwelt mehr belasten würden. Dies ist hypothetisch angenommen, da ein Fahrzeug mit Baujahr um die Jahrtausendwende eine entsprechende Nutzungsdauer bereits absolviert hätte. Erkennbar ist hierbei, dass sich ein Neuwagen im Vergleich mit den Baujahren bis zum Jahr 2001, genauer bis zu einem Emissionswert von 178,49 g CO_2e/km, schon innerhalb der Nutzungsdauer ökologisch rentiert.

Der zusätzliche blaue Abschnitt markiert die Jahrgänge des Gebrauchtwagens, bei dem sich der Neuwagen aus dem Jahr 2016 zwar erst nach der Nutzungs- aber innerhalb seiner technischen Lebensdauer von den Treibhausgasemissionen her die Umwelt weniger belastet. Dies ist bis zum Vergleich mit Jahrgang 2008 bzw. bis zu einem Ausstoß an Treibhausgasen von 161,46 g/km der Fall. Somit ist der 2016 produzierte Wagen gegenüber allen Fahrzeugen aufgrund der Produktion umweltschädlicher, die einen geringeren Emissionswert pro Kilometer aufweisen können, was in der Regel für Jahrgänge ab 2009 und bei jüngeren Modellen der Fall ist. Bei exportierten Gebrauchtfahrzeugen aus dem Jahr 2013 oder jünger müsste der Neuwagen schon über ein Jahrhundertfahren bis es zum Schnittpunkt der Emissionsgeraden und somit zu einem Einstand der Emissionswerte käme.

Des Weiteren ist zu diesem Vergleich zu sagen, dass eine Neuproduktion ebenfalls neue Primärmaterialien in Anspruch nimmt und recycelte Altfahrzeuge sowie wiederverwendete Gebrauchtwagen dafür sorgen, dass diese Material- und Rohstoffwirtschaft nachhaltiger wird.

5 Sensitivitätsanalyse

Da die Menge an Fahrzeugen, die per Schiff transportiert wird, variiert, variiert auch der spezifische Wert an pro exportiertem Fahrzeug emittierten Treibhausgasen. Um zu prüfen, inwieweit eine Veränderung dieser spezifischen Emissionen eine Veränderung in der Distanz, die das Neufahrzeug bis zum Gleichstand der Treibhausgasemissionen fahren muss, verursacht, ist im Folgenden eine Sensitivitätsanalyse dargelegt. Gleichung 5-1 zeigt zunächst

$$m_{CO2e_{V1}} * x_s = \frac{m_{CO2e_{ges}}}{n * \frac{1}{x_s}} \qquad (5\text{-}1)$$

den Zusammenhang zwischen der emittierten Menge an Treibhausgasen pro Fahrzeug ($m_{CO2e_{V1}}$) und der Variation in der Anzahl der Fahrzeuge. Halbiert sich die Fahrzeugmenge (x_s=2) verdoppelt sich infolgedessen der spezifische Ausstoß.

Eine solche Variation im Eingangsparameter macht sich in Gleichung 4-3 in der zu fahrenden Distanz des Neuwagens bemerkbar. Da $m_{CO2e_{V1}}$ die Treibhausgasvorbelastung aus dem Schifftransport markiert, sind die im Folgenden errechneten relativen Schwankungen der Ausgangsgröße als Reaktion auf Veränderungen der Eingangsgröße um den Faktor x_s unabhängig vom Jahrgang des Exportwagens. Tabelle 9 listet die Änderungen der zu fahrenden Kilometer sowie daraus resultierenden prozentualen Schwankungen bei verschiedenen Sensitivitätsfaktoren x_s auf. Als per Schiff exportierter Vergleichswagen ist hier ein PKW des Jahrgangs 1998 mit den in Abbildung 8 angegebenen und errechneten Werten

Variation Eingangsgröße / Faktor x_s	zu fahrende Distanz bis Emissionsgleichstand [km]	Relative Variation der Distanz [%]	Variation in Jahren (absolut)
0,50	141.260,45	-0,20	-0,02
1	**140.983,56**	**0,00**	**0,00**
1,5	140.706,67	0,20	0,02
2	140.429,78	0,39	0,04
2,5	140.152,89	0,59	0,06
3	139.875,99	0,79	0,08
4	139.322,21	1,18	0,12
5	138.768,43	1,57	0,16
6	138.214,64	1,96	0,20
7	137.660,86	2,36	0,24
8	137.107,07	2,75	0,28
9	136.553,29	3,14	0,31
10	135.999,50	3,54	0,35
100	86.158,92	38,89	3,90

Tabelle 8: Sensitivitätsanalyse, relative Schwankungen bei x_s

gewählt worden. Die Werte bei einem x_s von 1 markieren hierbei den Nullpunkt der Schwankungen, folglich die zu fahrende Strecke, wie sie in Tabelle 8 zu finden ist, und die bereits oben für $m_{CO2e_{V_1}}$ errechneten 33,89 kg CO_2e.

Erkennbar ist, dass eine Veränderung dieser emittierten Menge an Treibhausgasen um +/- 50% die zu fahrende Distanz, bei der das Exportfahrzeug und der Neuwagen dieselbe Menge an Treibhausgasen ausgestoßen haben, um gerade mal 0,2% erhöht bzw. verringert. Dies entspricht bei der durchschnittlichen Fahrleistung 14.074 km/Jahr 0,02 Jahren, was ca. einer Woche entspricht. Eine Verzehnfachung der durch den Schifftransport emittierten CO_2e-Menge pro Fahrzeug würde für eine Schwankung von ca. 3,5% sorgen. Eine solche Veränderung könnte dafür sorgen, dass sich der Neuwagen auch bei exportierten Gebrauchtwagen der Jahrgänge über die Nutzungs- oder Lebensdauer ökologisch rentiert, die 1 Jahr unter den Jahrgängen liegen, die in Kapitel 4 genannt wurden. Beispielsweise würde sich ein der Neuwagen aus dem Jahr 2016 im Vergleich mit einem Exportwagen aus dem Jahr 2002 erst nach 12,24 Jahren rentieren, was über der durchschnittlichen Nutzungsdauer von 12 Jahren liegt. Eine hohe Abweichung der spezifischen Treibhausgasmenge aus dem Schifftransport würde jedoch dafür sorgen, dass sich der Neuwagen noch innerhalb der Nutzungsdauert ökologisch rentiert. Dies wäre beim Transport mit kleineren Frachtern der Fall.

Diese Sensitivitätsanalyse zeigt, dass erst bei größeren Abweichungen zu den vorab gewählten 11.000 verfrachteten Fahrzeugen ein erkennbarer Unterschied im dargestellten Vergleich von Neuproduktion und Second Life in Kapitel 4 sichtbar wird.

6 Zusammenfassung

Die vorliegende Studie im Bereich Wiederverwendung und Recycling deutscher Fahrzeuge zeigt verschiedene Möglichkeiten im Vergleich, um so auf einen nachhaltigen Umgang mit PKW aufmerksam zu machen. Die verschiedensten Arten der Wiederverwendung sowie das Recyceln dienen dazu, die in der Automobilbranche vorhandenen Möglichkeiten, die Umwelt zu schonen oder weniger zu belasten, auszuschöpfen und sollen zeigen, welche Wege am ökologisch sinnvollsten sind, um Treibhausgasemissionen zu reduzieren und somit die globale Erwärmung einzuschränken.

Hierfür ist vor allem aufgrund der großen Transportmengen der geringe spezifische Treibhausgasausstoß beim Transport über den Seeweg zu nennen. Die Möglichkeit, im Transport- und Handelssektor Emissionen auf diese Weise zu reduzieren, ist hierbei auf einem sehr hohen Level. Da aber nicht jedes Handelsziel per Schiff erreichbar ist, ist ein kombinierter Transport von Schiff und LKW immer noch mit geringeren Emissionen verbunden als ein reiner LKW-Transport.

Über das Recyceln können Rohstoffe erneut genutzt werden, was den Materialhaushalt entlastet und die Mengen an neuem, primären Material reduziert. Die hierbei entstehenden Emissionen sind im Vergleich zu Produktion und der Nutzungsphase relativ gering und betragen maximal 1-2 % der gesamten Treibhausgasemissionen, die innerhalb des Lebenszyklus des Fahrzeugs entstehen.

Das Prinzip Second Life offenbart eine nachhaltige und sinnvolle Art der Wiederverwendung von Gebrauchtwagen. Gebrauchtfahrzeuge, die technisch betrachtet noch fahren könnten und bei denen ein neu produziertes Fahrzeug weder über die Nutzungs- noch über die technische Lebensdauer eines durchschnittlichen PKW die bei der Produktion entstehenden Emissionen über den geringeren Verbrauch wettmachen könnte, finden durch dieses Konzept weitere Verwendung.

Schwankungen innerhalb des Vergleichs von Second Life und Neuproduktion entstehen durch die tatsächlich zu transportierende Menge an Fahrzeugen und erst bei größeren Abweichungen zu der für das Beispiel angenommenen Transportmenge sind signifikante Schwankungen bezüglich des in Kapitel 4 erbrachten Vergleichs erkennbar.

Somit sollten zusätzlich zum umweltschonenderen Schiffstransport in Zukunft die Wiederverwendung von Fahrzeugen und Fahrzeugteilen vorangetrieben werden, sodass das Fahrzeug über seine technische Lebensdauer hinweg selbst für nachhaltiges Denken sorgt und somit auch andere Spuren in der Umwelt hinterlässt als nur Emissionen.

7 Literaturverzeichnis

18th International Symposium Transport and Air Pollution.

Adcley Souza (2012): Sustainability issues in the Brazilian automotive industry: electric cars and end-of-life vehicles. Online verfügbar unter http://umtri.umich.edu/content/Adcley.Souza.USP.Brazil.2012.pdf, zuletzt geprüft am 05.05.2017.

Alexander J. Yeats (1990): On the Accuracy of Economic Observations: Do Sub-Saharan Trade Statistics Mean Anything? In: *The World Bank Economic Review* (Vol. 4, No. 2), S. 135–156.

Andre Kranke (2010): So ermitteln Sie den CO2-Fußabdruck. In: *VerkehrsRUNDSCHAU*.

Bamse (2007): Liste der Länder nach BIP pro Kopf (2006). Hg. v. Bamse. Wikipedia. Online verfügbar unter https://de.wikipedia.org/wiki/Liste_der_L%C3%A4nder_nach_Bruttoinlandsprodukt_pro_Kopf#/media/File:BIP-Weltkarte-2006-de.svg.

BHAGWATI, JAGDISH (1964): On The Underinvoicing of Imports. In: *Bulletin of the Oxford University Institute of Economics & Statistics* 27 (4), S. 389–397. DOI: 10.1111/j.1468-0084.1964.mp27004007.x.

Carcangiu, Carlo Enrico; Orrù, Pier Francesco; Pilloni, Maria Teresa (2010): Analysis of End-of-Life Vehicle Processes: A Case Study in Sardinia (Italy). In: Bruno Vallespir und Thècle Alix (Hg.): Advances in Production Management Systems. New Challenges, New Approaches: IFIP WG 5.7 International Conference, APMS 2009, Bordeaux, France, September 21-23, 2009, Revised Selected Papers. Berlin, Heidelberg: Springer Berlin Heidelberg, S. 409–416.

Casals, Lluc Canals; García, Beatriz Amante; Aguesse, Frédéric; Iturrondobeitia, Amaia (2017): Second life of electric vehicle batteries: relation between materials degradation and environmental impact. In: *The International Journal of Life Cycle Assessment* 22 (1), S. 82–93. DOI: 10.1007/s11367-015-0918-3.

Classen et al (2009): Life cycle inventories of metals, final report ecoinvent data v2.1. Unter Mitarbeit von Classen M, Althaus HJ, Blaser S, Tuchschmid M, Jungbluth N, Doka G, Faist Emmenegger M, Scharnhorst W. Dübendorf.

Clearance Solutions (2015): The Three Rs & the Difference Between Recycling & Reusing. Reuse & Recycling. Online verfügbar unter https://www.clearancesolutionsltd.co.uk/our-reuse-and-recycling-success-as-green-as-it-gets/the-three-rs-the-difference-between-recycling-reusing/, zuletzt geprüft am 16.04.2017.

Commonwealth Department of Environment and Heritage (2002): Environmental Impact of End-of-Life Vehicles: An Information Paper.

Cooper, D. R.; Allwood, J. M. (2012): Reusing steel and aluminum components at end of product life. In: *Environmental Science and Technology* 46; Jg. 2012-09-18 (18), S. 10334.

D. Goldmann (2009): Stand der Altfahrzeugverwertung. Entwicklungen der letzten zwanzig Jahre und Perspektiven für die Zukunft. Neuruppin: TK Verlag (Recycling und Rohstoffe, 2), S. 471–490.

Daimler (2014): Nachhaltigkeitsbericht 2014. Hg. v. Daimler. Online verfügbar unter www.nachhaltigkeit.daimler.com.

DanielSmith300 (2017): World map indicating the categories of Human Development Index by country (based on 2015 data, published on March 21, 2017). Hg. v. НАТОвец. Wikipedia. Online verfügbar unter https://en.wikipedia.org/wiki/Human_Development_Index#/media/File:2016_UN_Human_Development_Report_Quartiles.png.

Eiber U, Grassmann F. (2012): Annual Activity Report. Online verfügbar unter doi: 10.1021/ie900953z.http.

Entsorgung.de (Hg.) (2014): Autoverschrottungen 2014 in Deutschland. Entsorgungsstatistik für das 1. Halbjahr 2014. Online verfügbar unter http://www.entsorgung.de/autoverschrottungen-2014.xhtml.

Europäisches Parlament (September 2000): Altfahrzeugverordnung. Directive 2000/53/EC. In: *Office Journal* (L 269), S. 34–43.

Eurostat (Hg.): End-of-life vehicle statistics. Eurostat. Online verfügbar unter http://ec.europa.eu/eurostat/statistics-explained/index.php/End-of-life_vehicle_statistics, zuletzt geprüft am 05.05.2017.

Finkbeiner, Matthias; Hoffmann, Rüdiger (2006): Application of Life Cycle Assessment for the Environmental Certificate of the Mercedes-Benz S-Class (7 pp). In: *The International Journal of Life Cycle Assessment* 11 (4), S. 240–246. DOI: 10.1065/lca2006.05.248.

Fonseca et al. (2013): Environmental impacts of end-of-life vehicles' management: recovery versus elimination. In: *The International Journal of Life Cycle Assessment* 18 (7), S. 1374–1385. DOI: 10.1007/s11367-013-0585-1.

Fuse et al. (2009): Estimation of world trade for used automobiles. In: *Journal of Material Cycles and Waste Management* 11 (4), S. 348. DOI: 10.1007/s10163-009-0263-3.

Genikomsakis et al. (2013): A life cycle assessment of a Li-ion urban electric vehicle battery. In: 2013 World Electric Vehicle Symposium and Exhibition (EVS27). Barcelona, Spain, S. 1–11.

Held, Michael; Baumann, Michael (2011): Assessment of the Environmental Impacts of Electric Vehicle Concepts. In: Matthias Finkbeiner (Hg.): Towards Life Cycle Sustainability Management. Dordrecht: Springer Netherlands, S. 535–546.

Helms, Pehnt, Lambrecht, Liebich (2010): Electric vehicle and plug-in hybrid energy efficiency and life cycle emissions. 18th International Symposium Transport and Air Pollution. Dübendorf, Schweiz, 18.05.2010.

Hinrich et al. (2016): Weiterentwicklung und vertiefte Analyse der Umweltbilanz von Elektrofahrzeugen. Hg. v. Umweltbundesamt, zuletzt geprüft am 20.03.2017.

IFCAR (2012): Speech of Chief Representative Dr. Dai Lin from Beijing Representative Office of European Automobile Manufacturers Association 2012. International Forum on Chinese Automobile Recycling. Online verfügbar unter http://auto.qq.com/a/20120629/000266.htm, zuletzt geprüft am 02.05.2017.

IMO: Transportarten im CO2-Vergleich. Online verfügbar unter http://www.imo.org/en/Pages/Default.aspx, zuletzt geprüft am 11.04.2017.

Internationale Frachtschiffreisen Pfeiffer GmbH (Hg.): Umweltbewusstes Reisen. Online verfügbar unter http://frachtschiffreisen-pfeiffer.de/informationen/umweltbewusstes-reisen/, zuletzt geprüft am 10.04.2017.

Internationale Frachtschiffreisen Pfeiffer GmbH (Hg.): Von TEUs und Tonnen. Online verfügbar unter http://frachtschiffreisen-pfeiffer.de/informationen/von-teus-und-tonnen/, zuletzt geprüft am 10.04.2017.

JAMA (2012): World Motor Vehicle Statistics Vol.11 (World Motor Vehicle Statistics).

Jason Gerrard; Milind Kandlikar (2007): Is European end-of-life vehicle legislation living up to expectations? Assessing the impact of the 5ELV6 Directive on 'green' innovation and vehicle recovery. In: *Journal of Cleaner Production* 15 (1), S. 17–27. DOI: 10.1016/j.jclepro.2005.06.004.

Jody, B. J et al. (2010): End-of-life vehicle recycling. State of the art of resource recovery from shredder residue.

Kanari, N. et al. (2003): End-of-life vehicle recycling in the european union. In: *JOM* 55 (8), S. 15–19. DOI: 10.1007/s11837-003-0098-7.

KBA (2015): Verkehr in Kilometern der deutschen Kraftfahrzeuge im Jahr 2015. Online verfügbar unter http://www.kba.de/DE/Statistik/Kraftverkehr/VerkehrKilometer/verkehr_in_kilometern_no de.html, zuletzt geprüft am 19.04.2017.

KBA (2017): Bestand in den Jahren 1960 bis 2017 nach Fahrzeugklassen. Online verfügbar unter http://www.kba.de/DE/Statistik/Fahrzeuge/Bestand/FahrzeugklassenAufbauarten/b_fzkl_ze itreihe.html?nn=652402, zuletzt geprüft am 16.04.2017.

Martens, Hans; Goldmann, Daniel (2016): Recycling von Altfahrzeugen. In: Recyclingtechnik: Fachbuch für Lehre und Praxis. Wiesbaden: Springer Fachmedien Wiesbaden, S. 407–438.

Ministry of the Environment Japan (2006): Final report of global environment research fund. Tokyo.

Nemry et al. (2008): Environmental Improvement of Passenger Cars (IMPRO-car). Unter Mitarbeit von Françoise Nemry, Guillaume Leduc,Ignazio Mongelli, Andreas Uihlein. Online verfügbar unter http://ec.europa.eu/environment/ipp/pdf/jrc_report.pdf, zuletzt geprüft am 05.05.2017.

Oh GJ (2012): ELV recycling status and future direction in Korea. In: International Workshop on 3R strategies and ELV Recycling 2012.

Passarini et al. (2012): Auto shredder residue LCA: implications of ASR composition evolution. In: *Journal of Cleaner Production* 23 (1), S. 28–36. DOI: 10.1016/j.jclepro.2011.10.028.

Pelletiere, Danilo; Reinart, Kenneth A. (2002): The Political Economy of Used Automobile Protection in Latin America. In: *World Economy* 25 (7), S. 1019–1037. DOI: 10.1111/1467-9701.00476.

Ports.com (Hg.): Sea route & distance. Online verfügbar unter http://ports.com/sea-route/, zuletzt geprüft am 10.04.2017.

R. Zoboli et al. (2000): Regulation and Innovation in the Area of End-of-Life Vehicles.

Sakai et al. (2014): An international comparative study of end-of-life vehicle (ELV) recycling systems. In: *Journal of Material Cycles and Waste Management* 16 (1), S. 1–20. DOI: 10.1007/s10163-013-0173-2.

Schmid et al. (2013): Incidence of the level of deconstruction on material reuse, recycling and recovery from end-of life vehicles: an industrial-scale experimental study. In: *Resources, Conservation and Recycling* 72, S. 118–126.

Schmid, D., Zur-Lage, L. (2014): Perspektiven für das Recycling von Altfahrzeugen. Neuruppin: TK Verlag (Recycling und Rohstoffe, 7), S. 105–126.

Smith, Vanessa M.; Keoleian, Gregory A. (2004): The Value of Remanufactured Engines: Life-Cycle Environmental and Economic Perspectives. In: *Journal of Industrial Ecology* 8 (1-2), S. 193–221. DOI: 10.1162/1088198041269463.

Statista.com: Durchschnittliche CO2-Emissionen der neu zugelassenen Pkw in Deutschland von 1998 bis 2016 (in Gramm CO2 je Kilometer). Online verfügbar unter https://de.statista.com/statistik/daten/studie/399048/umfrage/entwicklung-der-co2-emissionen-von-neuwagen-deutschland/, zuletzt geprüft am 19.04.2017.

Statista.com: Typische Lebensdauer von Autos in Deutschland nach Automarken (Stand: 2014*; in Jahren). Online verfügbar unter https://de.statista.com/statistik/daten/studie/316498/umfrage/lebensdauer-von-autos-deutschland/.

Statista.com (2017): Anzahl der gemeldeten Pkw in Deutschland in den Jahren 1960 bis 2016 (Bestand in 1.000). Online verfügbar unter https://de.statista.com/statistik/daten/studie/12131/umfrage/pkw-bestand-in-deutschland/.

Steve Fletcher (2011): A National Approach to the Environmental Management of End-of-life Vehicles in Canada. Hg. v. Automotive Recyclers of Canada. Online verfügbar unter http://autorecyclers.ca/2011/a-national-approach-to-the-environmental-management-of-end-of-life-vehicles-in-canada/, zuletzt geprüft am 05.05.2017.

Tian, Jin: Sustainable design for automotive products: Dismantling and recycling of end-of-life vehicles. In: *Waste Management* 34; Jg. 2014 (2), S. 458–467.

Umweltbundesamt (2014a): Jahresbericht über die Altfahrzeug-Verwertungsquoten in Deutschland im Jahr 2012. Hg. v. UBA. UBA. Online verfügbar unter http://www.bmub.bund.de/fileadmin/Daten_BMU/Download_PDF/Abfallwirtschaft/jahresbericht_altfahrzeug_2012_bf.pdf, zuletzt geprüft am 02.05.2017.

Umweltbundesamt (Hg.) (2014b): Verbleib von 1,4 Millionen stillgelegten Pkw unklar. Umweltbundesamt. Online verfügbar unter http://www.umweltbundesamt.de/themen/verbleib-von-14-millionen-stillgelegten-pkw-unklar, zuletzt geprüft am 02.05.2017.

UNDP (Hg.) (2013): Human Development Report 2013. The Rise of the South: Human Progress in a Diverse World. UN. Online verfügbar unter http://hdr.undp.org/en/2013-report, zuletzt geprüft am 21.04.2017.

Vermeulen et al. (2011): Automotive shredder residue (ASR): Reviewing its production from end-of-life vehicles (ELVs) and its recycling, energy or chemicals' valorisation. In: *Journal of Hazardous Materials* 190 (1–3), S. 8–27. DOI: 10.1016/j.jhazmat.2011.02.088.

Wang Xiang; Chen Ming (2011): Implementing extended producer responsibility: vehicle remanufacturing in China. In: *Journal of Cleaner Production* 19 (6–7), S. 680–686. DOI: 10.1016/j.jclepro.2010.11.016.

Wenchao et al. (2016): Life cycle assessment of end-of-life vehicle recycling processes in China—take Corolla taxis for example. In: *Journal of Cleaner Production* 117, S. 176–187.

Wikipedia (Hg.) (2017): Treibhauspotential. Wikipedia. Online verfügbar unter https://de.wikipedia.org/wiki/Treibhauspotential, zuletzt aktualisiert am 12.01.2017, zuletzt geprüft am 02.05.2017.

Yeats, Alexander J. (1995): Are Partner-Country Statistics Useful for Estimating Missing Trade Data? Policy Research Working Paper 1501: The World Bank.

Yoshida H., Hiratsuka J. (2012): Overview and current status of ELV recycling in Japan. In: International Workshop on 3R strategies and ELV Recycling 2012.